实景客厅 LIVING ROOM 图集之

REAL IMAGES OF

中式风格

理想·宅 编

化学工业出版社

·北京·

中式风格的室内设计融合着庄重和优雅的双重品质，能反映出强烈的民族文化特征，让人一看就容易理解其文化内涵，特别对中国人，更是有一种亲和力。本书中的案例既注意了现代元素的融入，又没有一味地照搬古典设计范例。

本书汇集了中式古典风格、新中式风格和中式田园风格的设计案例。从客厅各个角度的材料搭配来充分展现中式古典风格、新中式风格和中式田园风格的特点。书中案例均出自资深室内设计师之手，设计新颖，选材精美，对广大装修业主有很高的参考价值。

图书在版编目(CIP)数据

实景客厅图集之中式风格 ／ 理想·宅编. —北京：
化学工业出版社，2014.1
ISBN 978-7-122-19288-2

Ⅰ．①实… Ⅱ．①理… Ⅲ．①客厅—室内装修—建筑设计—
图集 Ⅳ．①TU767-64

中国版本图书馆CIP数据核字(2013)第299510号

责任编辑：王斌　林俐　　　　　　　　　　　　　装帧设计：骁毅文化

出版发行：化学工业出版社(北京市东城区青年湖南街13号　邮政编码100011)
印　　装：北京瑞禾彩色印刷有限公司
880mm×1092mm　1/16　印张 8½　字数 200 千字　　2014年2月北京第1版第1次印刷

购书咨询：010-64518888（传真：010-64519686）　　售后服务：010-64518899
网　　址：http://www.cip.com.cn
凡购买本书，如有缺损质量问题，本社销售中心负责调换。

定　　价：　45.00元

前言

中国道家创始人老子有句名言："天下大事必作于细，天下难事必作于易"。意思是做大事必须从小事开始，天下的难事必定从容易的作起。现如今，家居装修已然成为每个家庭中的"大事件"，可是往往由于一些小的瑕疵就破坏了整体的家居装修。"泰山不拒细壤，故能成其高；江海不择细流，故能就其深。"所以，大礼不辞小让，细节决定成败。可以毫不夸张地说，现在的家居装修已经到细节制胜的时代，人们对家居装修中的细节问题越发关注。细节的装修不仅能彰显业主的品味，也可以使家居生活更舒适、更便捷。

本套丛书由理想·宅（ Ideal Home ）倾力打造，按照目前人们最为关注的装饰风格类型分为《实景客厅图集之欧式风格》、《实景客厅图集之现代简约风格》、《实景客厅图集之中式风格》三册。每册图书集结了近两年最为流行的实景客厅案例，并配以实用的材料标注，这样可以使读者分辨出同一种材料在不同风格客厅中所展现出的不同"魅力"，也能令读者快速地选取适合自己所需要的设计风格的材料搭配。

为本书提供图片的设计师有：老鬼、蒋伟、刘耀成、熊龙灯、陆涛、陈文斌、祝滔、陆凌、胡克磊、由伟壮、宋建文、王刚、王五平、古文敏、洪德成、李益中、连曼君、苏俊、新华、林志宁、李斌、李东泽、刘传志、刘明纬、梁苏杭、蒋宏华、毛磊、欧慧、王敬咚、小伟、吴献文、徐玉磊、艾木、李峰、衡颂恒、徐鹏程、张有东等。

参与本书编写的人员有：张蕾、杨柳、黄肖、刘杰、梁越、邓毅丰、李小丽、于兆山、志宏、刘彦萍、张志贵、李子奇、李四磊、肖冠军、孙银青。

CONTENTS

PART 1 中式古典风格

中式古典风格常给人以历史延续和地域文脉传承的感受，它使室内环境突出了民族文化渊源的形象特征。中式古典风格的客厅设计，是在客厅布置、线形、色调及家具、陈设的造型等方面，吸取传统装饰"形"、"神"的特征。例如，吸取我国传统木构架建筑室内的藻井、天棚、挂落、雀替的构成和装饰，明、清家具造型和款式特征。

竹木地板   装饰面板

仿古地砖   PVC壁纸

液体壁纸   抛光砖   木制吊顶+石膏板造型   天然材料壁纸

金属膜壁纸　　木制雕花　　　　实木地板　　实木板材　　天然材料壁纸

剑麻地毯　　软包　　　　展示收纳架　　纸面壁纸

装饰板材　　　　　　　木板条造型

仿古地砖　　　石膏板雕刻造型

装饰石材　　　　装饰板材　　　　　　金属拼花造型　　　装饰屏风

磨砂玻璃　　　石膏板造型

竹木地板　　　蓝绿色乳胶漆

仿古地砖　　　鹅黄色乳胶漆

白色乳胶漆墙面　　　实木地板

博古架　　　仿古地砖

通体砖　　　　　　　天然材料壁纸

淡粉色乳胶漆　　　　文化石地面

天然材料壁纸　　　　实木地板

浅黄色乳胶漆　　　　簇绒地毯

浅黄色乳胶漆　　　　编织地毯

纸面壁纸　　　　　　　　实木地板

PVC壁纸　　　　　　纯毛地毯

暗纹壁纸　　　　　　　　装饰画

抛光砖　　　　　　装饰字画

装饰板材　　　　　　条纹涤纶地毯

装饰画 博古架造型

烤漆玻璃 釉面砖

装饰画 灰色簇绒地毯

装饰画 实木地板

装饰壁画　　　　　　鹅黄色乳胶漆

剑麻地毯　　　　　　暗纹壁纸

天然材料壁纸　　　　实木地板

纸面壁纸　　　　　　涤纶地毯

装饰板材   抛光砖

装饰屏风   剑麻地毯

白色乳胶漆墙面   实木地板

木工艺造型   红梅墙贴+纸面壁纸

装饰屏风   仿古地砖

装饰字画 纸面壁纸

装饰画 剑麻地毯

装饰面板 装饰镜面

装饰画 实木吊顶

抛光砖 纸面壁纸

实木地板

装饰屏风

木线条造型　　　　纸面壁纸

涤纶地毯　　　　墨绿色乳胶漆

实木地板　　　　　　装饰板材

水银镜面　　　　　　实木板材

玻化地砖　　　　　　剑麻地毯

装饰板材　　　　釉面砖

木质饰面板　　　　　纸面壁纸

装饰壁画　　　　　　　　强化复合地板

装饰板材

装饰壁画　　　　　　　　石膏板雕刻造型

装饰壁画

实木地板　　　　　　装饰板材

博古架造型　　　　　　白色簇绒地毯

木制雕刻屏风　　　　　强化复合地板

装饰屏风　　　　仿古拼花地砖

混纺地毯　　　　　　　马赛克

仿古地砖　　　　　　　　装饰屏风

白色乳胶漆墙面　　　　　　实木板材吊顶

棕色簇绒地毯　　　　　　红色乳胶漆

仿古地砖　　　　　　　　印花玻璃

白色乳胶漆墙面　　　　　　文化石

装饰板材　　　　　　　木制饰面板

烤漆玻璃　　　　　　　纸面壁纸

玻化砖　　　　　　　墙面砖铺贴

木板条造型+烤漆玻璃　　　　　　抛光砖

文化石　　　　　　　　　纸面壁纸

文化石　　　　实木地板

玻璃隔墙　　　　　　白色乳胶漆墙面

剑麻地毯　　　　木线条隔墙

装饰石材　　　　抛光砖

镜面造型   板材隔墙   纸面壁纸   展示柜

天然材料壁纸   簇绒地毯   仿古地砖   板材装饰

展示柜隔墙　　　　　　装饰字画

石膏板造型　　　　　　抛光砖

磨砂玻璃+木线条造型　　　　实木地板

实木隔墙

装饰布艺

涤纶地毯 —— 木板条字画 ——

仿古地砖 —— 纹理壁纸 ——

仿古地砖 —— —— 剑麻地毯

纸面壁纸 —— 实木地板 ——

仿古地砖 —— 文化石 ——

仿古地砖　　　　　　天然材料壁纸

混纺地毯　　　　　　硬包

纯毛地毯　　　　PVC壁纸

博古架造型　　　　实木地板

仿古地砖拼接　　　　　　　红砖墙面　　　　　　　　　　　　　　　　　马赛克

玻化砖　　　　　　　木制饰面板　　　　　　　　　　　　　纸面壁纸

纸面壁纸　　　　竹木地板　　　　石膏线造型

装饰面板　　　　簇绒地毯

釉面砖　　　　纸面壁纸

浅黄色乳胶漆　　　　簇绒地毯

装饰板材　　　　棕色簇绒地毯

米黄色乳胶漆　　　　涤纶地毯

玻化砖

白色乳胶漆墙面　　　　通体砖

博古架隔墙　　　　石膏板造型

强化复合地板　　　　　　　　纸面壁纸

纯毛地毯　　　　　　　　　　装饰屏风

展示格　　　　　　　　条纹涤纶地毯

博古架造型　　　　烤漆玻璃　　　　木线条隔墙　　　　　仿古地砖

玻化砖　　　　　　　　　装饰玻璃

仿古拼花地砖

木版画　　　　　　　　　装饰面板

羊毛拼花地毯　　　　　博古架造型

条纹壁纸　　　　仿古地砖

石膏板造型　　　　实木造型隔墙

装饰镜面

仿古地砖　　　　装饰画

木板条装饰　　　　抛光砖

白色乳胶漆墙面 ——— 仿古地砖

大理石

仿古拼花地砖 ——— 实木板材

白色乳胶漆墙面 ——— 实木地板

剑麻地毯 ——— 木线条隔墙

仿古地砖　　　　　　　　暗纹壁纸

实木地板　　　　　　　　石膏板造型

装饰画　　　　　　　　　红色乳胶漆

石膏板造型　　　　　　　实木地板

仿古地砖　　　　　　　　金属膜壁纸

仿古地砖　　　　米色乳胶漆墙面

纺织壁纸　　　　实木地板

实木地板　　　　白色乳胶漆墙面

木雕刻品　　　　　　　　仿古地砖

抛光砖

装饰画 纯毛地毯

装饰字画

木线条造型+墨镜造型 实木地板 仿古地砖 实木雕刻隔墙

实木地板　　　　　　　　实木造型

印花玻璃　　　　　　　　抛光砖

实木地板　　　　　　　仿古地砖

屏风隔墙　　　　　　　实木地板

通体砖 装饰画

烤漆玻璃+木板条造型 马赛克

通体砖 实木造型

实木造型 仿古地砖

仿古地砖 白色乳胶漆墙面

实木地板　　　　　　　　　　　　　　　　　　　　　木线条造型

烤漆玻璃　　　　　　纯毛地毯

装饰屏风　　　　　　竹木地板

仿古地砖　　　　　　　白色乳胶漆墙面

仿古地砖　　　　　　　博古架造型

实木地板　　　　　　原木造型

仿古墙砖　　　　仿古地砖　　　　纸面壁纸

仿古地砖　　　　　　　　装饰屏风

实木地板　　　　　　　木线条造型+黄色乳胶漆

装饰石材　　　　　　　木线条造型

玻化砖　　　　　　　装饰石材

纯毛地毯　　　　　马赛克

实木地板　　　　　石膏板造型

博古架造型

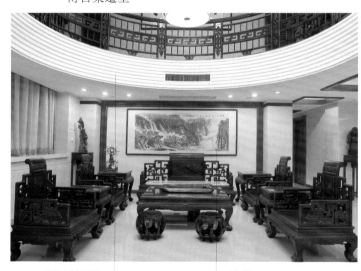

石膏板造型　　　　装饰画

剑麻地毯　　　　　液体壁纸

PART 2 新中式风格

新中式风格的客厅设计是通过对传统文化的认识，提取传统客厅设计的精华元素和生活符号进行合理地搭配、布局，在整体的客厅设计中将现代元素和传统元素结合在一起，既保留了中式原有的大气典雅的风格又融入了不少现代时尚的元素，在中式客厅的传统韵味之外更加符合了现代人居住的生活特点，体现了古典与现代完美结合，传统与时尚并存。

抛光砖　　　　　　　　白色乳胶漆墙面

软包　　　　　　　　抛光砖

木板条造型　　　　　　实木地板

装饰板材　　　　　　　抛光砖　　　　　　烤漆玻璃　　　　　实木板材

石膏板造型　　　　　装饰板材

文化石　　　　　　　装饰板材

抛光砖　　　　　　　大理石

装饰面板

剑麻地毯　　　　　　大理石

实木板材 仿古地砖

纯毛地毯 实木造型

水银镜面 装饰板材

装饰画 装饰板材

装饰板材 白色乳胶漆墙面

实木地板 ——————————— 紫色乳胶漆

实木地板 ——————————— 鹅黄色乳胶漆

剑麻地毯 ——————— 红色乳胶漆

纹理壁纸 ——————————— 装饰板材

涤纶地毯 ——————— 米白色乳胶漆墙面

装饰壁画　　　　　　　　　　　　　烤漆玻璃

白色乳胶漆墙面　　　　软木地板

装饰壁画　　　　　　　实木地板

仿古地砖　　　　　　纹理壁纸

白色乳胶漆墙面

实木板材　　　　　　　通体砖

剑麻地毯　　　　　　　木板条造型

实木地板　　　　　　　装饰字画

木板条造型　　　　酒红色簇绒地毯　　　木线条隔墙

木制饰面板   通体砖

纯毛地毯   装饰板材   剑麻地毯   装饰板材

艺术壁纸 水银镜面

实木地板 纸面壁纸

艺术壁纸

实木地板 软包

纸面壁纸

白色乳胶漆墙面 　　　　磨砂玻璃 　　　　抛光砖 　　　剑麻地毯 　　　装饰板材

浅咖色乳胶漆 　　　　玻化地砖 　　　　簇绒地毯 　　　　装饰板材

木质窗棂造型 　　　　暗纹壁纸 　　　　通体砖 　　　白色乳胶漆墙面

白色乳胶漆墙面　　　　　　　　通体砖

装饰画　　　　　　装饰板材

淡粉色乳胶漆　　　　实木地板　　　　剑麻地毯　　　　　　装饰板材

装饰屏风 涤纶地毯

青灰色乳胶漆墙面 剑麻地毯

天然材料壁纸 簇绒地毯

山水画装饰　　　　　　　　　竹木地板

天然材料壁纸　　　　　　　　玻化砖

剑麻条纹地毯　　　　　　　　装饰字画

剑麻地毯　　　米白色乳胶漆墙面

实木地板　　　　石膏板造型

米黄色乳胶漆墙面 ┐　　　　　　　┌ 混纺地毯

装饰板材 ┐　　　　　　　┌ 羊毛拼花地毯

酒红色剑麻地毯 ┐　　　　┌ 米黄色乳胶漆墙面

实木地板

┌ 烤漆玻璃　　　　　　剑麻地毯 ┘

水银镜面　　　　　　装饰板材 ┘

纯毛地毯

水墨壁画

涤纶地毯

装饰壁画

纸面壁纸

竹木地板

实木地板　　　　　天然材料壁纸

钢化玻璃　　　　　仿古地砖

天然材料壁纸　　　　　实木地板

天然材料壁纸　　　　　石膏板造型

大理石　　　　　　　　　　　涤纶地毯

混纺地毯　　　　　　　　展示格

石膏板造型　　　　　　　实木地板

鹅黄色乳胶漆　　　　　　装饰字画

白色乳胶漆墙面 实木地板

白色乳胶漆墙面 实木地板

白色乳胶漆墙面

玻化砖 白色乳胶漆墙面

装饰板材隔墙

剑麻地毯　　　　　　　　　　　天然材料壁纸

石膏板雕刻字画

簇绒地毯　　　　　装饰板材

装饰屏风

簇绒地毯

木板雕刻造型+装饰玻璃

抛光砖

木线条隔墙

印花镜面 —————— 簇绒地毯 ——————

镜面字画 —————— 博古架 ——————

涤纶地毯 —————— 雕刻玻璃 ——————

镜面字画 —————— 剑麻地毯 ——————

印花玻璃 —————— 金属膜壁纸 ——————

装饰板材   竹木地板

装饰板画   通体砖

金黄色乳胶漆   密度板造型

装饰画   剑麻地毯

石膏板雕刻造型　　　　实木造型

釉面砖　　剑麻地毯

石膏板造型　　　　木板条装饰

实木板材　　　　彩绘玻璃

通体砖　　　　金属膜壁纸

展示柜　　　　　　粉色乳胶漆

石膏板造型　　　　白色乳胶漆墙面

彩色装饰木板条　　　剑麻地毯

镂空雕花板材　　　装饰扇面

装饰面板

板材造型　装饰板材

实木地板　软包

拼花地砖　纸面壁纸+装饰画

剑麻地毯　　　　　　　　木板条隔墙

木板条造型　　　　　　　涤纶地毯　　　　　　木制窗棂造型　　　　　　木质饰面板

展示柜　　　　　　　　仿古地砖　　　　　　　装饰面板

剑麻地毯 ┘　┌ 装饰玻璃

┌ 白色乳胶漆墙面

米白色乳胶漆 ┘

装饰字画　　　　　　　　装饰壁画

装饰玻璃　　　　　　　　实木地板

玻化砖　　　　　　　　　大理石

彩绘玻璃

石膏板造型　　　　　　　装饰画

石膏板造型　　　　　　　　　　　　　　装饰壁画

装饰板材　　　　　抛光砖　　　　　　　装饰板材　　　　　抛光砖

实木地板　　　仿古墙砖　　　木线条装饰　　　纯毛地毯　　　天然材料壁纸

实木板材　　　实木地板　　　通体砖　　　木板条垭口

金黄色乳胶漆　　　涤纶地毯　　　装饰板材

剑麻地毯 　　　　纹理壁纸

石膏线造型 　　　　纸面壁纸

仿古墙砖 　　　　通体砖

通体砖 　　　　金属条造型

木版画　　　　　　　马赛克

纸面壁纸　　　　　　真石漆

PVC壁纸　　　　　　大理石

装饰板材　　　　　　马赛克

通体砖　　　　　　　白色乳胶漆墙面

装饰板材 ——— 仿古地砖 ———

实木地板 ——— 米白色乳胶漆墙面 ———

纸面壁纸 ——— 仿古墙砖 ———

条纹涤纶地毯 ——— 金属膜壁纸 ———

印花玻璃 ——— 玻化砖 ———

仿古地砖 纸面壁纸

咖啡色乳胶漆

橙黄色乳胶漆 剑麻地毯

装饰画 软包

乳黄色乳胶漆 釉面砖

软包　　　　　　　　　　　　　　仿古地砖

装饰屏风　　　　软包　　　　　　木制饰面板　　　　　　仿古地砖

装饰画 ——— ———文化石

仿古墙砖 ———

木板条造型 —— 石膏板造型+烤漆玻璃 —— —— 仿古拼花地砖 —— 实木吊顶

展示格 —— 白色乳胶漆墙面

纯毛地毯 —— 白色乳胶漆墙面

米白色乳胶漆墙面 —— 装饰画

纯毛地毯 —— 白色乳胶漆墙面

白色乳胶漆墙面 —— 木制搁架

装饰板材 博古架

装饰板材　石膏板雕刻造型　釉面砖

金属管隔墙 装饰板材

混纺地毯 木制饰面板

石膏板造型 装饰画

装饰板材　　　　　木线条造型

仿古地砖+抛光砖

装饰板材　　　　　大理石

装饰画　　　　　浅绿色乳胶漆

抛光砖　　　　　纱幕隔墙

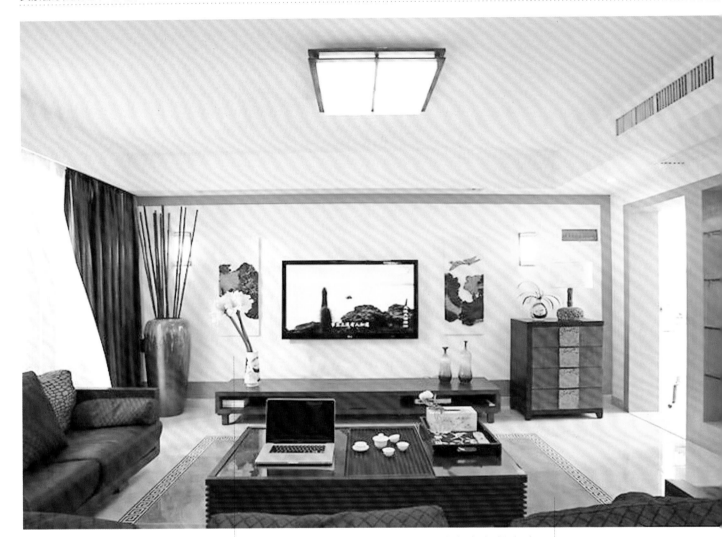

白色乳胶漆墙面   仿古地砖+抛光砖

装饰板材   黄绿色乳胶漆

强化复合地板   白色乳胶漆白色

仿古地砖   石膏板造型

天然材料壁纸

纸面壁纸   竹木地板

抛光砖   黑色乳胶漆

天然材料壁纸

抛光砖　　　　　　　　白色乳胶漆

大理石　　　　　　　白色乳胶漆　　　　　　　　　　纯毛地毯

玫红色乳胶漆　　　装饰书架

釉面砖　　　　　文化石

液体壁纸　　　白色乳胶漆墙面

釉面砖　　　　天然材料壁纸　　　实木地板

实木板材　　　　　　　　　　　　天然材料壁纸

装饰面板　　　　强化复合地板

白色乳胶漆墙面　　实木地板

软包　　　　　　　通体砖

纯毛地毯　　　　　釉面砖

装饰板材　　　　　实木地板

通体砖　　　　　天然材料壁纸

纹理壁纸　　　　　仿古地砖

通体砖　　　　　水银镜面

石膏板造型　　　　　釉面砖

金属边框　　　　　烤漆玻璃

强化复合地板　　　　　铁艺隔墙

装饰石材　　　　博古架隔墙

剑麻地毯

金属膜壁纸　　　　黄色乳胶漆

装饰画　　　　薄墨色乳胶漆

装饰板材 　　　　玻化砖

剑麻地毯 　　　　液体壁纸

白色乳胶漆墙面 　　　　实木地板

实木地板

博古架垭口　　　　　　　强化复合地板

大理石　　　　纹理壁纸

装饰屏风

文化石　　　实木板材造型

天然材料壁纸　　　剑麻地毯

剑麻地毯

纯毛地毯

仿古地砖　　　白色乳胶漆墙面

混纺地毯　　　　　　　　　　　　　　　天然材料壁纸

釉面砖

实木板材　　　　　　抛光砖　　　　　　　　滌纶地毯　　　　米黄色乳胶漆

装饰板材　　　　　　　　竹木地板

剑麻地毯　　　　　　　　白色乳胶漆

通体砖　　　　　　　　　装饰板材

装饰板材　　　　　　　　白色纯毛地毯

装饰板材　　　　　　墨绿色乳胶漆

实木吊顶　　　　　　文化石

装饰板材　　　　剑麻地毯

纹理壁纸　　　　　装饰板材

装饰板材   实木地板

装饰板材   棕色簇绒地毯

石膏板造型

石膏板造型+黑色乳胶漆

剑麻地毯　　　　　　烤漆玻璃

玻化砖　　　　白色乳胶漆墙面　　　　白色乳胶漆墙面　　　涤纶地毯

纯毛地毯   软包

仿古地砖   实木板材

釉面地砖   剑麻地毯

黑色乳胶漆　　　纯毛地毯

纸面壁纸　　　　天然材料壁纸

装饰板材　　　簇绒地毯

白色乳胶漆墙面　　　涤纶地毯

PART 3 中式田园

中式田园风格的客厅以丰收的金黄色为基调，设计融合了中国字画、雕塑、明清式家具及古典造型灯饰，并尽可能选用木、石、藤、竹、织物等天然材料装饰。软装饰上常有藤制品、绿色盆栽、瓷器、陶器等摆设。在地上铺一块手织地毯，墙面挂几幅中国山水画和对联，案上放一些珍玩盆景，再陈设几样唐三彩或瓷器。客厅空间隔断采用传统的木装修或屏风等，使整个客厅呈现出中国传统文化的底蕴，又不失田园气息。

装饰板材　　　　　　　　条纹壁纸

剑麻地毯　　　　　　装饰板材+木制雕刻品

实木吊顶　　　　　　　　石膏板雕刻造型

米黄色乳胶漆　　　　实木吊顶　　　　　实木雕花造型　　　　　实木地板

仿古地砖　　　　　浅绿色乳胶漆

杏仁色乳胶漆

玫红色乳胶漆　　　　　装饰镜面+实木雕刻造型

木制搁板　　　　　红色乳胶漆　　　　　橙黄色乳胶漆　　　　　石膏板造型

实木边框　　　红色乳胶漆

石膏板造型　　　绿白色乳胶漆

米黄色乳胶漆　　　　　仿古地砖

博古架　　　　　装饰画

装饰板材　　　　装饰布艺

装饰板材　　　　　　　　　　　　　　　青石地砖

天然材料壁纸　　　石膏板造型

实木地板　　　　　　大花壁纸

剑麻地毯　　　　　　　条纹壁纸

白色乳胶漆墙面　　　　木制装饰品

实木地板　　　　　　　鹅黄色乳胶漆

装饰画　　　白色乳胶漆墙面

白色乳胶漆墙面　　　　抛光砖

仿古地砖　　　　　实木吊顶造型

米白色乳胶漆　　　　　木制装饰画

白色乳胶漆墙面　　　　装饰画

装饰画　　　　　橙黄色乳胶漆

抛光砖　　　　　装饰金属架

纯毛拼接地毯   天然材料壁纸

印花玻璃   剑麻地毯

大理石   装饰玻璃

纸面壁纸　　　　　　　　　竹木地板

纹理壁纸　　　　　　　　　实木地板

纯毛地毯　　　　　　　　　　纸面壁纸

装饰板材　　　　　　　　通体砖

白色乳胶漆墙面　　　　仿古地砖

装饰板材　　　　　　　　仿古地砖

白色乳胶漆墙面　　　　仿古地砖

白色乳胶漆墙面　　　　纯毛地毯

大理石　　　　　　装饰板材

实木地板　　　　　　白色乳胶漆墙面

印花玻璃　　　　　　剑麻地毯

大理石　　　　　　石膏板造型

真石漆　　　　　　　　　　剑麻地毯

实木板材

石膏板造型　　　　竹木隔墙

剑麻地毯 　　　竹木地板 　　　白色乳胶漆墙面

鹅黄色乳胶漆 　　　装饰画 　　　实木地板 　　　装饰板材

纸面壁纸　　　　　　　通体砖

实木板材造型　　　　　通体砖

纯毛地毯　　　　　　釉面砖+装饰玻璃

剑麻地毯　　　　文化石

釉面砖　　　　　　　　实木地板

簇绒地毯

白色乳胶漆墙面

白色乳胶漆墙面

纯毛地毯

白色乳胶漆墙面

仿古地砖

展示架

实木板材

竹木地板

剑麻地毯

通体砖　　　白色乳胶漆墙面

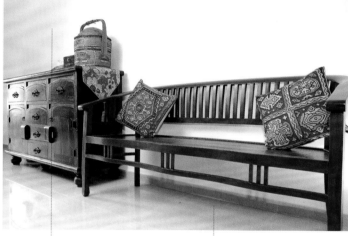

白色乳胶漆墙面　　　通体砖

仿古地砖　　　红砖墙面

通体砖　　　荷花壁纸

灰绿色乳胶漆

白色乳胶漆墙面　　　　纯毛地毯

实木地板　　　白色乳胶漆墙面

实木板材造型　　　　　　纯毛地毯

白色乳胶漆墙面　　　　　　通体砖

白色乳胶漆墙面

条纹壁纸　　　　　　抛光砖

装饰板材　　　　　　纹理壁纸

浅黄色乳胶漆 ———| |——— 仿古地砖

青石地砖   树枝墙贴

白色乳胶漆墙面   文化石

石膏板造型 ——　　实木吊顶 ——

橙黄色乳胶漆 ——

条纹壁纸　　纯毛地毯

展示收纳架

实木地板　　　　　　　　　　装饰画

白色乳胶漆墙面

白色乳胶漆墙面　　　　　　　竹木地板

纯毛地毯

白色乳胶漆墙面　　　　　竹木地板

装饰画　　　　　　实木造型

水银镜面+瓷质装饰品　　　酒红色簇绒地毯

实木地板　　　　　　石膏板造型

实木地板　　白色乳胶漆墙面

乳白色乳胶漆墙面　　　　通体砖

白色乳胶漆墙面　　装饰板画

仿古地砖　　　石膏板造型+装饰墙贴

嫩绿色乳胶漆　　拼花地砖

装饰板材

白色乳胶漆墙面

嫩绿色乳胶漆　　涤纶地毯

白色乳胶漆墙面　　青石地砖

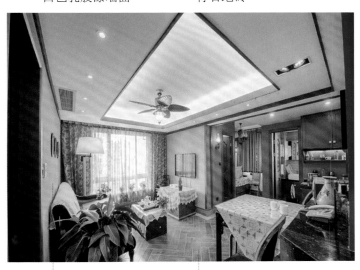

嫩绿色乳胶漆　　实木地板

装饰屏风　　　　　　　　　　　咖啡色乳胶漆

白色乳胶漆墙面　　　涤纶地毯

实木地板　　　　　　　　　　木制饰面板

拼花地毯 ┐ 　　青灰色乳胶漆 ┐

装饰屏风 ┐ 　　纸面壁纸 ┐

釉面砖 ┐ 　　石膏板造型+烤漆玻璃 ┐

印花玻璃 ┐ 　　竹木地板 ┐

装饰板材   釉面砖

暗纹壁纸   仿古地砖   纯毛地毯   米白色乳胶漆

绿色乳胶漆   剑麻地毯

青石地砖   嫩绿色乳胶漆

装饰画   仿古地砖

实木地板

青石地砖   纸面壁纸

釉面砖　　　　白色乳胶漆墙面

石膏板造型　　　实木地板

实木地板

实木地板　　展示柜

装饰面板

实木板材隔墙　　　　玻化地砖

人造板材　　　　　白色乳胶漆墙面

白色乳胶漆墙面　　　　剑麻地毯

剑麻地毯　　　　　浅蓝色乳胶漆

装饰板材　　　　　实木地板

浅绿色乳胶漆　　　　　竹木地板

白色乳胶漆墙面　　　　　装饰屏风

白色乳胶漆墙面　　　　　　　　纯毛地毯

暗纹壁纸　　　　　　　　绿白色乳胶漆

橘粉色乳胶漆　　　　　装饰画

石膏板造型   纯毛地毯

青石地砖   白色乳胶漆墙面

仿古地砖   白色乳胶漆墙面

竹木地板   白色乳胶漆墙面

石膏板造型　　　　　剑麻地毯

强化复合地板　　　白色乳胶漆墙面

竹木地板　　　　白色乳胶漆墙面

木线条造型+烤漆玻璃　　灰色化纤地毯

白色乳胶漆墙面　　强化复合地板

纯毛地毯　　鹅黄色乳胶漆

装饰板材　　仿古地砖

仿古地砖 ——— 木线条造型

橙红色乳胶漆 ——— 装饰画

装饰板材 ——— 剑麻地毯

树枝墙贴　　　　　　　　　实木地板　　　　　　艺术壁纸　　　　　　　仿古地砖

纯毛地毯　　　　　　　　　　　剑麻地毯　　　白色乳胶漆墙面